LE DOCTEUR MOULIN

CHIRURGIEN DU LYCÉE IMPÉRIAL SAINT-LOUIS

A SES JEUNES AMIS

LES ÉLÈVES COMPOSANT L'ORPHÉON DE CE COLLÉGE

à propos du concert qu'ils y ont donné

le 23 mars 1865

QUELQUES MOTS

SUR LA RESPIRATION, LA VOIX ET LA MUSIQUE

Felix qui, in senectute tam tristi,
adhuc paululum cantare potest !

PARIS, AVRIL 1865

A MESSIEURS ROUSSET, Président, ET CANIVET, Directeur

DE L'ORPHÉON DU LYCÉE SAINT-LOUIS.

MESSIEURS,

Quelle témérité à moi d'oser vous parler musique, moi qui ne joue d'aucun instrument et ne chante tout au plus que comme le commun des martyrs! Du reste, un médecin peut-il jamais être réellement musicien, lui qui, par sa profession, en effet, est trop sérieux pour apprendre à moduler des sons agréables, lui, trop attristé des maux de ses semblables pour se livrer à un exercice aussi joyeux! Et pourtant, qui plus que lui pourrait devenir musicien, lui qui entend si souvent se formuler toutes les *notes* de la voix, depuis l'expression de la souffrance et de la douleur jusqu'à la joie du retour à la santé et à la vie, et devrait par conséquent être plus que tout autre *en mesure* de connaître et d'apprécier toutes les nuances de la gamme humaine!

Tout le premier, Messieurs, je vous avoue de nouveau que je ne suis nullement musicien : la suite, du reste, ne vous l'apprendra que trop, si vous me faites l'honneur de me lire; mais si je ne suis pas chanteur, dans la véritable acception du mot, je sais au moins, comme médecin, comment on doit chanter, et tout ce qu'il faut avoir et faire pour bien chanter, et, à ce titre, je crois pouvoir me permettre de vous le dire, sans la moindre prétention à me poser comme professeur de musique, bien que médecin du Théâtre-Lyrique.

Je vous indiquerai d'abord tous les organes du chant, sans toutefois vous en donner la description, ce qui me conduirait trop loin et vous serait à peu près inutile pour me comprendre, et ce que d'ailleurs vous trouveriez dans le premier traité d'anatomie venu. Je ne vous parlerai en conséquence de ces organes : poumons, trachée-artère, bronches, larynx, cordes vocales, etc., de toute cette pléiade harmonique enfin des agents de la voix, dont l'admirable disposition et arrangement suffiraient seuls à faire aimer et adorer Dieu, qu'autant que j'en aurai besoin pour vous faire connaître comment ces instruments du chant doivent être le mieux conformés pour le rendre plus beau et plus complet, et donnerai immédiatement après, toujours comme médecin seulement, quelques conseils aux chanteurs, pour qu'ils puissent tirer le meilleur parti de leurs moyens vocaux, en augmenter la puissance et la grâce. Ah! j'en suis sûr, vous étiez loin, Messieurs, de vous attendre à un pareil tour de force de ma part!

La première et la principale condition pour bien chanter est d'avoir d'excellents poumons, bien sains et bien amples, afin qu'ils aient un jeu facile et parfait, et puissent loger plus d'air avec une seule inspiration; c'est, ensuite, d'être pourvu d'une grande énergie des muscles expirateurs, pour que le chanteur puisse mieux et plus longtemps retenir l'air qu'il a respiré, n'en pas épuiser la totalité d'un seul coup, et ne le laisser sortir au contraire que peu à peu, et dans la mesure de ses besoins, afin de prolonger son chant autant que cela peut devenir nécessaire et le rendre plus harmonieux; il faut encore qu'il soit doué d'une bonne organisation des bronches et surtout du larynx, que ses cordes vocales aient une grande élasticité, un jeu franc et net, conditions en effet indispensables à la production et à la variété des sons; c'est aussi qu'il soit pourvu d'une arrière-gorge bien libre et bien disposée, d'une bouche bien meublée et bien faite, ni trop grande ni trop petite, et dont il puisse à son gré varier l'ouverture; c'est de plus, que sa langue soit également dans de bonnes proportions, ni trop longue ni trop grosse, et parfaitement mobile; et que son nez lui-même soit bien conformé, ni trop large ni trop resserré, et surtout pas écrasé à sa racine, pour n'être pas exposé à produire de ces sons nasillards qui sont si désagréables; en un mot, il faut avoir l'organisation la plus heureuse de tout l'appareil respiratoire pour devenir un chanteur exceptionnel. Ainsi, toutes choses égales d'ailleurs, un homme fortement constitué, à ample poitrine et épaules larges, ayant un cou musclé et bien pris, ni trop gros ni trop court, devra être plus capable de produire des sons forts et nourris qu'un autre placé dans des conditions contraires, c'est-à-dire grêle de toutes parts, et, pour ainsi dire, incomplet; ceci est hors de doute, et c'est peut-être aussi pour cela que la femme, plus faiblement organisée que l'homme, ne peut jamais chanter aussi haut et aussi fort que lui, avec une voix aussi ample et aussi nourrie, et qu'en conséquence, il y a si peu de femmes qui puissent atteindre à un contralto de grande valeur, tandis que beaucoup d'entre elles nous sont supérieures dans les chants harmonieux et veloutés, dans l'expression chantée, surtout, des douces et suaves sensations du cœur et de l'âme!

Dire maintenant que chaque étage de l'appareil respiratoire que l'air parcourt en sortant des poumons, peut enfan-

ter des sons différents et variés, ne serait à coup sûr rien
apprendre à personne, car tout le monde, sans s'en apercevoir, et peut-être même sans s'en rendre compte, en a acquis
la preuve ; il serait donc inutile de le répéter. Mais il serait
assez bon, je crois, de rappeler que chacun a en soi tout ce
qu'il faut pour devenir au moins un chanteur ordinaire, et
que nous possédons tous, quoique à des degrés de perfection
différents, les moyens de produire, non-seulement les sons
les plus vulgaires, mais même les plus extraordinaires et les
plus excentriques ; soit que nous nous bornions à n'employer
que les lèvres plus ou moins rapprochées, pour n'exhaler que
de sourds bourdonnements, que des sons obscurs, que de
simples soupirs musicaux, ou seulement le gosier pour produire des sons profonds et caverneux, moyen le plus ordinaire des voix de basse ; soit que nous agissions avec la
bouche, la langue et les dents, tout à la fois, pour produire
les sons les mieux articulés, soit avec le larynx principalement, pour le chant le plus beau et le plus pur, soit et surtout avec les poumons pour ces sons amples et nourris de
véritable poitrine, ces sons magnifiques et hors ligne, que
de bons et solides soufflets peuvent seuls créer, et qui font
tant le triomphe des meilleurs artistes, notamment de ceux
qui, comme *Tamberlick*, vont jusqu'au fameux *ut dièze*, à
ce tour de force exceptionnel de la voix humaine ; soit enfin
qu'en désespoir de cause, nous ne poussions que des cris de
tête, cris que je ne peux guère appeler autrement, et qui,
dernier refuge des chanteurs médiocres, peuvent encore enfanter dans quelques circonstances, avec de l'adresse et de
l'habitude, des sons assez remarquables, en exhalant par un
suprême effort le reste d'air que renfermaient les poumons,
et le lançant avec force jusqu'aux parties les plus élevées de
l'appareil respiratoire et les moindres anfractuosités de la
base du crâne et même du nez, pour donner lieu à certains

échos, presque aussi magiques qu'inattendus, et qui parviennent encore même parfois à provoquer des applaudissements; c'est surtout dans les finales que le chanteur, à bout de vent, emploie ce moyen extrême!

Que conclure de tout cela? D'abord, que l'on peut toujours être chanteur, quoique de plusieurs manières et à différents degrés, •ce qui toutefois ne serait nouveau pour personne, mais comme beaucoup plus essentiel, je pense, que par mille preuves qu'on en pourrait donner en décrivant physiologiquement la respiration chez l'homme et dans toutes les circonstances de la vie, la joie ou la tristesse, la santé ou la douleur, contrairement à l'idée généralement admise dans la théorie de cette fonction, savoir, que l'inspiration est seule active et vitale, quoique ne produisant aucun son et n'étant, pour ainsi dire, qu'une aspiration inerte de l'air se faisant tout spontanément, et que l'expiration n'est que passive, et en quelque sorte que le complément de la première, qu'un repos nécessaire pour qu'elle pût se répéter de nouveau, en un mot, rien autre chose qu'un simple soufflet qui, venant de se vider, s'affaisse, nécessairement désenflé, sur lui-même, en attendant que l'introduction d'un nouvel air dans ses flancs, le dilate derechef; que contrairement, dis-je, à une hypothèse aussi peu rationnelle et fondée, l'expiration, ainsi qu'il est, du reste, si facile de s'en convaincre par le chant et les diverses modulations de la voix, est bien plus active et énergique que l'inspiration, celle-ci étant, pour ainsi dire, inévitable et presque automatique, je le répète, et, de plus, complétement indépendante de la volonté, qui ne peut presque, en effet, ni la suspendre ni la diriger à son gré, laquelle, en outre, exige si peu d'efforts pour se faire, aidée qu'elle est, entre autres circonstances favorables à son exécution, par la pression atmosphérique qui pousse si énergiquement l'air à s'introduire dans des poumons qui viennent de se vider par l'expiration, et qui en plus reste constamment muette et sans le plus petit bruit appréciable, tandis que l'expiration, qui, de son côté, a sans cesse à lutter contre l'envahissement des voies respiratoires par un nouvel air qui tend avec une si grande insistance à s'y introduire dès qu'elles se sont désemplies, est bien autrement active et énergique que l'inspiration, le second acte de la respiration étant en outre presque soumis aux caprices de la volonté qui peut en quelque sorte le graduer à son gré, et même ne l'employer que dans la mesure des besoins pour moduler les différents sons, l'accélérer ou le ralentir, tantôt l'exerçant sans bruit, et d'autres fois lui faisant exprimer les notes musicales les plus harmonieuses et les plus éclatantes, ce qui alors exige impérieusement le concours et l'énergie de toutes les puissances expiratrices. Aussi me semble-t-il qu'il ne devrait plus être possible de conserver de doute à cet égard, et qu'on sera obligé désormais de se rendre à l'évidence d'une chose si réelle et si palpable! Et que serait-ce donc encore si, pour le prouver davantage, sans parler d'aucune de nos fonctions qui exigent des efforts d'expiration, je signalais seulement les expirations bruyantes, la toux surtout, qui se produisent dans les différentes maladies de la poitrine et même dans toutes nos souffrances, depuis le premier cri d'étonnement, ou peut-être de douleur, que pousse l'enfant qui vient de naître, jusqu'au dernier râle de l'agonie, cette lutte suprême de l'homme mourant qui tâche de conserver encore quelque temps le jeu de ses poumons, pour prolonger son existence, et si je décrivais surtout les expirations si énergiques et si répétées que l'asphyxié, qui ne l'est qu'incomplétement, s'efforce de faire pour ressaisir la vie! Mais ce serait, je crois, superflu, et, d'ailleurs, par trop assombrir un article que j'ai, en effet, plus spécialement consacré à la musique, à l'illusion du bonheur et à la joie! aussi m'en dispenserai-je entièrement. Du reste, si j'avais besoin de justifier plus encore mon opinion sur la respiration et la production de la voix, et la faire mieux admettre, ne me suffirait-il pas, sans même avoir recours à d'autres preuves, d'en appeler à l'observation des juges les plus compétents en pareille matière, non pas aux médecins, qui pourtant, sans être musiciens, pourraient peut-être, comme simples physiologistes, connaître mieux encore que beaucoup d'autres le mécanisme de la respiration et de la voix, et mériter ainsi quelque considération, mais aux vrais musiciens, aux véritables artistes et aux professeurs de chant; et, sans même invoquer de telles autorités, me contenter du goût et de l'appréciation de nos jeunes orphéonistes du lycée Saint-Louis, de ces gracieux chanteurs que nous venons d'entendre avec tant de plaisir?

Revenons donc uniquement à la musique, ce sera beaucoup plus agréable, et mieux goûté.

D'abord, qu'est-ce que le chant? Évidemment l'harmonie des sons que la voix peut produire, les mille variations et nuances du bruit que l'expiration peut enfanter, particulièrement par l'ébranlement et les vibrations que l'air, en s'échappant des poumons, imprime aux cordes vocales; mais alors pourquoi tout le monde, et même les gens les mieux organisés pour le chant, ne peuvent-ils pas également bien chanter? Pourquoi? Ah! C'est que dans le chant comme pour les autres arts, il faut de l'étude et de la pratique; c'est qu'il faut avoir le goût du chant; c'est qu'une bonne méthode dans laquelle, en outre, il faut persévérer longtemps pour la bien comprendre et l'appliquer à propos, est des plus nécessaires; c'est que non-seulement il est essentiel de perfectionner son chant par l'exercice, mais qu'il faut de plus y ajouter de l'adresse, beaucoup de savoir-faire et même un peu de ruse, afin de pouvoir devenir à la fois artiste et musicien; c'est qu'il ne suffit pas d'être né et organisé pour le devenir, mais qu'il faut par-dessus tout savoir juger et apprécier soi-même sa voix, pour n'aller jamais au delà du possible, et rester toujours dans le vrai, sans quoi, en effet, on ne pourrait guère parvenir même à être passable, et on s'exposerait trop à n'être guère que ridicule et un piètre chanteur. Il faut, dis-je, d'abord, et comme le plus essentiel, consulter en conscience ses propres forces, et bien étudier sa respiration et son étendue, afin de pouvoir en être toujours le maître et le directeur, et pour y arriver plus sûrement, apprendre surtout de bonne heure, à ménager et graduer la sortie de l'air qu'on a respiré, à ne pas jeter à la volée, mal à propos, sans mesure, sans nécessité, et dès les premières notes, ce si précieux élément du chant, dont il faut être en effet toujours si économe et avare! Oh! alors, dans ces conditions, n'eût-on même qu'une faible organisation native, il serait encore possible, avec du travail et de la persévérance, de devenir un assez bon artiste et d'acquérir au moins une voix ordinaire.

En effet, que diriez-vous, Messieurs, par exemple, et que pourriez-vous attendre d'un artiste qui, ayant un long morceau à exécuter, ouvrirait, dès les premières notes, un large gosier et une grande bouche, et épuiserait ainsi dans un seul élan tout l'air qu'il aurait respiré? Cet imprévoyant chanteur ne s'exposerait-il pas alors à ne pas aller loin, à rester en chemin, à faire des *couacs* effroyables par manque d'air et à ne pas achever sa période? et ne serait-il pas forcé souvent dans ce cas, s'il voulait éviter de pareils résultats, de respirer de nouveau et à chaque instant, pour pouvoir compléter son chant, chose des plus désagréables et si fatigante à entendre?

Voyez, pour mieux en juger, ce que M. *Duprez*, entre autres habiles artistes, fait pour ne pas s'exposer à une semblable mésaventure; comme il ménage le fruit de sa première aspiration, le premier air qu'il a respiré! avec quel soin il n'en emploie juste que ce qu'il lui faut pour les premières notes de son morceau, maîtrisant, pour ainsi dire, à volonté, l'action de ses muscles expirateurs, et les obligeant à pourvoir plus tard à ses besoins les plus extrêmes! Ne craignez pas que, comme le corbeau de la fable, il commence par ouvrir un large bec et vide du premier coup complétement ses poumons, il s'en garde certes bien sachant trop ce qui lui en adviendrait, à moins toutefois qu'il ne soit forcé de débuter par un grand éclat de voix, qu'il se hâte même encore alors de modérer bien vite pour ne pas épuiser, dans une première expiration, toute sa provision d'air, qu'il sait en effet si utile de ménager pour mener son chant à bonne fin; et si, toutefois, il ne peut se dispenser de respirer de nouveau dans le cours de sa période, il le fait alors si doucement et avec tant d'art et d'habileté, qu'on ne s'en aperçoit qu'à peine, et qu'on croit même souvent que sa première inspiration l'ayant, pour ainsi dire, rempli d'air jusqu'aux talons, il n'avait nul besoin d'en faire d'autres pour terminer. Tel est, Messieurs, le vrai chanteur, le véritable artiste! Et voyez aussi Mmes Cabel, et Nilson, et surtout Mme Miolan-Carvalho! comme ce sont également d'habiles cantatrices, celles-là! comme elles savent aussi faire des tours de force, improviser les sons les plus variés et les plus prolongés avec une seule inspiration! comme elles surprennent à tout moment et enchantent leurs auditeurs par leurs belles finales, par d'admirables roulades et des éclats de voix qui couronnent si bien leur chant, et cela sans même le plus souvent avoir besoin d'aucun autre effort respiratoire, et avec quel art elles font servir à leur ravissante mélodie les moindres ressources de leurs organes expirateurs, ne négligeant en effet le concours d'aucun d'eux, n'exerçant, au début, qu'une expiration douce et modérée pour n'ébranler que faiblement leurs cordes vocales et chanter à peine par le larynx, et ayant ensuite l'adresse et la puissance de retenir dans tous les coins de leurs agents respiratoires, dans leur gosier, leur bouche, et jusque dans les plus petites anfractuosités du crâne, des oreilles et même du nez, de toute leur tête en un mot, assez d'air pour suffire à toutes leurs notes, voix de basse ou flûtée, simples sons de bouche et de lèvres, ou les notes les plus élevées pour la fin de leur chant, quand elles veulent le rendre éclatant! Oh! combien je plaindrais ceux qui ne seraient pas ravis d'un si beau talent; car, bien que ce ne soient là que des sensations passagères de joie, elles sont si délicieuses, elles vont tant à l'âme et au cœur, et font si bien oublier pour quelques instants les tristesses de la vie et rêver le bonheur, qu'on ne saurait, en effet, trop les savourer et y applaudir!

Et encore ici ce sont des organisations d'élite et bâties pour la musique, et ces suaves artistes auraient peut-être même bien chanté sans l'apprendre et sans avoir presque eu besoin de méthode artificielle pour la rendre mélodieuse, si ce n'est tout au plus d'exercice et de persévérance; mais combien ont encore plus de mérite à bien chanter ces organisations faibles natives, ces artistes qui, voulant chanter même en dépit de leur peu de moyens organiques, ont su de bonne heure et en conscience juger leurs forces et les apprécier à leur juste valeur, et qui ainsi n'en sont pas moins parvenus par leur ténacité et de longues études à devenir aussi des chanteuses de premier rang, des artistes remarquables? Entre autres, Mlle Duprez, qui par sa méthode si pure, si savante et si mesurée, a pour ainsi dire improvisé le chant, et qui, sans être douée d'une voix forte et étendue, n'en est pas moins arrivée à tirer un parti merveilleux de la miniature de ses organes respiratoires, à assujettir aux moindres caprices de sa volonté ses faibles puissances expiratrices et en diriger l'action à son gré et avec tant de perfection!

Et que dire enfin de notre savante et si gracieuse chanteuse, de notre bonne Déjazet? En voilà une surtout, qui a joué un fameux tour à la nature, en lui escamotant, pour ainsi dire, le chant, elle si faible et si mignonne qu'elle était! Avoir en effet toujours bien et agréablement chanté, se faire encore entendre, avec plaisir, à soixante-six ans, avoir tiré un merveilleux parti d'un filet de voix, et être restée presque la même, c'est vraiment prodigieux! Ah! c'est qu'elle encore plus que bien d'autres, en femme adroite et sensée, en véritable artiste, a sans vanité et en conscience, apprécié et bien jugé ses moyens natifs, et su s'en rendre économe et les ménager à propos, c'est qu'elle a toujours eu le bon esprit de se renfermer dans les limites du possible, et ne jamais se livrer à des élans au-dessus de ses moyens, c'est qu'enfin et surtout, elle s'est constamment appliquée à perfectionner, par l'étude et l'exercice, le peu de dons naturels qu'elle avait reçus, à bien diriger, maîtriser et graduer ses moindres efforts d'expiration, et à ne pas prodiguer en pure perte et sans nécessité réelle la petite dose d'air que ses petits poumons pouvaient recevoir et contenir, en un mot, à économiser sa voix; aussi notre gracieuse *Lisette de Béranger*, notre charmante *Bourbonnaise* a-t-elle l'avantage si exceptionnel de se faire autant applaudir à la fin de sa carrière qu'à son début!

Et que pourrai-je ajouter de plus pour maintenant prouver que le chant ne consiste que dans l'expiration, qui seule en effet, peut le produire, qu'on ne chante jamais sans faire des efforts expirateurs pour produire des sons, que l'expiration est bien autrement tonique que l'inspiration, et que les meilleurs chanteurs sont ceux qui, comprenant le mieux ce dernier temps de la respiration, savent davantage se rendre maîtres de toutes ses nuances et en faire valoir les puissantes et innombrables ressources?

Toutefois, pardon, encore un coup, Messieurs, d'avoir osé vous parler musique, moi si ignorant, et de m'être permis surtout de juger d'aussi éminents artistes, moi qui, je le répète, simple médecin, aurais dû si bien me borner à ne décrire que physiologiquement la respiration et le véritable mécanisme de la voix, au lieu de chanter en quelque sorte avec vous! Mais, si on ne me pardonne pas mon outrecuidance, du moins ne pourra-t-on pas me dire : *Vous êtes orfévre, monsieur Josse!* car je crois avoir assez avoué que je ne l'étais nullement!

Toutefois, j'ai dit, pour mieux me faire excuser encore, que, quoique je ne fusse pas musicien, j'adorais la musique comme étant pour moi le plus vrai langage de l'esprit et du cœur; aussi ne terminerai-je pas ces longues considérations sur la respiration, la formation de la voix et du chant sans rendre un hommage éclatant à la musique, à cette incomparable traduction de toutes nos sensations, à cette poésie de la pensée, ainsi que, du reste, je l'ai déjà fait ailleurs [1]. Le Créateur ne nous a peut-être donné cet art que pour mieux chanter sa gloire, lui faire l'offre de nos cœurs et moduler nos prières pour les lui rendre plus agréables. Témoins ces chants religieux qui doivent lui plaire, tant ils élèvent l'âme et la rapprochent de lui, ces hymnes célestes dont l'harmonie est l'expression si grandiose et si suave de notre adoration, ces chants enfin où se mêle si bien et avec tant de grâce et de parfaite exécution la voix des jeunes néophytes, ces douces mélodies de l'enfance, aux mâles accents de chanteurs éprouvés, et dans lesquels se retrouvent peut-être encore plus qu'ailleurs, la vraie musique, son puissant empire, son magique langage et sa plus grande pureté! Dieu a sans doute voulu aussi que la musique fût en même temps notre consolation dans nos chagrins, notre espérance aux heures de découragement, notre force dans l'adversité! En effet, elle nous fait

1. Journal *la Réforme Musicale,* août 1863.

oublier et elle nous fait souvenir! Elle s'attriste avec les malheureux, elle chante gaiement avec les heureux de la terre. Nous la retrouvons sous les doigts du musicien qui compose des hymnes d'adoration à Dieu, dans la voix mélodieuse du chanteur qui célèbre avec enthousiasme le grand spectacle de la nature! Elle est la compagne inséparable de toutes nos illusions! Les meilleurs et les plus beaux sentiments, la gloire, la célébration du triomphe, l'amitié, le dévouement aux nobles causes, ont en elle, en effet, la plus magique interprète; elle a des accents pour toutes les circonstances de notre vie, elle est l'écho de toutes nos inspirations : « Où vas-tu, jeune soldat? » Les clairons répondent : « Il court à la victoire! » Écoutez à la porte de nos ateliers, vous entendrez quelque chanson qui se mêle au bruit des marteaux, c'est l'énergie des travailleurs! Près du berceau de l'enfant vermeil, la jeune mère chante son couplet naïf! Écoutez même dans toute cette nature, sous vos yeux, dans les herbes tremblantes, dans l'air qui vous enveloppe, dans ces bois mystérieux qui versent sur vos fronts leur fraîcheur douce et pure, tout chante, tout élève la voix pour célébrer le Créateur, pour raconter, dans une langue qui défie toutes les autres langues humaines, ce qu'il y a de grand, de supérieur et de divin dans la vie universelle des êtres, dans toute la création !

Qu'elle soit donc bénie, cette fée qui adoucit les maux de la terre, centuple les plaisirs du cœur, et est la meilleure traduction, peut-être, de l'âme! Qu'ils soient l'objet de nos constants hommages, ces musiciens d'élite, à qui nous devons, en effet, bien plus qu'aux conquérants, et le progrès des intelligences et le développement des belles idées, et des nobles sentiments! Ils nous font presque toucher l'idéal, ils nous donnent la joie, l'illusion et l'espérance, quel plus grand bien pouvions-nous désirer ici-bas?

C'est surtout vous, Messieurs et jeunes amis, qui, par les chants harmonieux que vous venez de me faire entendre, m'avez rappelé ces délicieuses pensées! En vérité, vous m'avez tant charmé, que si je vous entendais souvent chanter, je deviendrais moi-même, je crois, tout médecin que je suis, quelque peu musicien; les belles choses sont si contagieuses! Je ne peux donc trop applaudir à la douce obligation que notre judicieux ministre de l'instruction publique vient d'imposer, en quelque sorte, à nos Lycées, de faire apprendre la musique et le chant à leurs élèves, non-seulement à cause du plaisir que peut leur procurer un aussi agréable travail, un repos aussi bienfaisant de leurs études sérieuses, mais plus encore comme médecin, parce que l'exercice du chant particulièrement, est plus capable que tout autre de développer et d'accroître la force et l'étendue des fonctions respiratoires, si essentielles à la vie, de leur donner plus d'énergie et d'ampleur, de former ainsi une bonne poitrine et de solides poumons, et de fournir par là plus de chances pour une existence longue et exempte des infirmités de la vieillesse!

Du reste, Messieurs, la culture de la musique et du chant n'est pas nouvelle pour notre Lycée Saint-Louis, qui, en effet, l'a pratiquée de tout temps, bien que d'une manière facultative, en a obtenu de si nombreux et si brillants résultats, et qui, entre autres succès, a eu particulièrement la gloire de compter au nombre de ses meilleurs élèves en ce genre des musiciens d'élite tels que votre ancien camarade, l'auteur de *Faust*, notre célèbre Gounod, et des auteurs dramatiques également exceptionnels, comme notre aimable Camille Doucet, directeur général des théâtres et membre de l'Académie française, qui, lui aussi, chante et enchante toutes les fois qu'il écrit!

Paris. — J. CLAYE, Imprimeur, 7, rue Saint-Benoît.

www.ingramcontent.com/pod-product-compliance
Lightning Source LLC
Chambersburg PA
CBHW051426060726
47596CB00006B/2378